U0122758

小學生
趣味大科學

憤怒的地球
自然災害

恐龍小 Q 編

目錄

不平靜的星球——地球與自然

從浩瀚的宇宙遙望地球，它是一個十分美麗的星球，有藍色的海洋、褐色的陸地、綠色的森林……

> 好美！

> 嘩——

「看得見」的各種圈

地球表面被一層氣體「外衣」包裹，這層「外衣」就是**大氣圈**。

地球上的江、河、湖、海以及冰川和水汽等水體，統稱為**水圈**。

地球上生活的人、動物、植物等生物及其生存環境，共同組成了**生物圈**。

地球有一圈堅硬的岩石圈層，叫作岩石圈。

大氣圈
水圈
生物圈
岩石圈

> 不搧動翅膀，我就會掉到地上啦。

看不見的吸引力

地球有一種實實在在的吸引力，它能將地球表面附近所有物體都引向地面方向，這種吸引力就是**重力**。

成熟的蘋果從樹上掉下來，就是受到了重力的作用。

活動的地球

水的循環

地球表面的水蒸發變成水汽來到空中，在不同的溫度影響下，有些水汽變成了小水滴，有些凝華成小冰晶。當空氣托不住它們時，它們就會變成雨或雪落到地面上。

擠來擠去的板塊

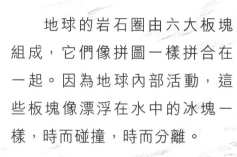

地球的岩石圈由六大板塊組成，它們像拼圖一樣拼合在一起。因為地球內部活動，這些板塊像漂浮在水中的冰塊一樣，時而碰撞，時而分離。

大自然出問題了！

因為地球各個圈層都在不斷地運動和變化，這就有可能導致大自然出現異常現象，例如暴雨就是超出正常降雨量而形成的。危害到人命和造成財產損失的自然異常現象，就是自然災害。

看看這些自然災害：

大氣異常運動→颱風

板塊運動→地震

重力作用→滑坡、泥石流

地球內部能量爆發→火山爆發

地球內部存在巨大的溫度差異，因此會產生熱量傳導。在地殼下面的地幔層裏，時時刻刻都在發生熱對流。熱對流的過程就像用壺燒水一樣：鍋底的冷水被加熱後不斷向上運動，到達水面散發熱量後，變冷的水會向壺底運動。

搖晃的大地──地震

慘了，地震啦！

地面為甚麼會震動？

地球的六大板塊就像浮冰，有時會碰撞在一起，有時會推開對方，這種板塊運動會引發地面的震動。

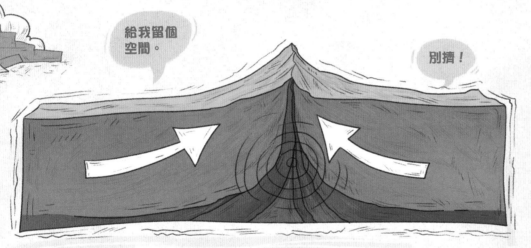

給我留個空間。

別擠！

我要離開你啦！

地震有大也有小

如果有人向水中扔一粒石頭，水面會因震動而產生波紋。同樣，地震發生時也會產生波動，這種波動稱為地震波。

地震發生時，震央的震感最強烈，離震央愈遠，震感愈小。

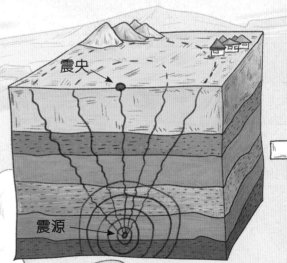

震央

震源

震央：震源正上方的地面。

危險的板塊交界處

因為地震多是由板塊運動引起的，所以板塊和板塊交界的地方是地震經常發生的地區。

我們把這些區域連接在一起，就形成了長長的地震帶。

再見了。

地震總在發生 ?!

地球每年都會發生 500 多萬次地震，幾乎每天都有地震發生。不過，絕大多數地震因為震央太遠或震級太小，我們感覺不到。

小於 2.9 級
沒有震感，僅儀器能檢測到。

3.0-3.9 級
有震感，吊燈晃動。

4.0-4.9 級
房屋輕微破損，室內一些物品會傾倒。

5.0-5.9 級
牆上出現裂縫，家俬移動。

6.0-6.9 級
人無法站立，建築物倒塌。

7.0 級以上
地面斷裂，會造成十分嚴重的破壞。

晃動的災難

地震發生的時候，大地震動、搖晃，嚴重時路面還會斷裂，破壞力非常強大。

1906 年，美國三藩市發生 7.8 級地震，約有 3,000 人因此失去了生命。

1923 年，日本關東地區發生 8.2 級地震，並引發了嚴重的火災。在被毀的 70 萬棟房屋中，有近 50 萬棟是被大火燒毀的。

1976 年，中國唐山發生 7.8 級地震，整座城市瞬間變成了廢墟。大地震造成二十多萬人死亡，十多萬人重傷。

好可怕！

地震先兆

地震發生前，有時會出現地光和地聲現象。

如果我們能提前知道地震甚麼時候發生就好了。

其實在地震發生前，常常會有一些異常現象出現。

小知識

地光：地震前或地震時，天空有時會出現像火花或閃電一樣的光。

地聲：地震前或地震時，時常會出現類似雷聲或炮聲的聲音。

地震發生前，地下水的水位往往會突然上升或下降。

地震發生前，河水可能會出現冒泡、變色、變味等異常現象。

地震發生前，很多動物會出現反常行為。

我心裏有點不安。我有一種強烈的預感，有不好的事情即將發生。

保命要緊，我們要趕快搬家。

冬天從家裏出來真冷啊！

快上來，樹上安全一點！

地震發生時，我們應該怎樣做？

保持冷靜：地震發生時，一定要保持鎮定，不要慌張。

保護身體：如果人在屋子裏，要儘快躲到堅固的桌子或者牀邊，還要盡量保護頭部。

遠離危險：如果人在戶外，要到空曠的地方，遠離有倒塌危險的建築物和設施。

聽從安排：要聽從指揮人員的安排，有秩序地撤離。

發聲求救：如果被困，要想辦法發出求救信號。

怒吼的海浪——海嘯

看我乘風破浪！

媽呀，快跑呀！

甚麼，海嘯來了?!

海嘯是一種破壞力很強的海浪，大多由海底地震引發。

大地震會使海底陸地斷裂、錯位，導致上面的海水使勁晃動，形成洶湧的海浪。

海嘯發生

並不是所有海底地震都會引發海嘯，通常深海發生大地震才有可能引發海嘯。比如，太平洋海嘯預警中心發佈海嘯警報的條件是：海底地震震源深度小於60公里，同時地震震級大於7.8級。

發生地震

海底陸地斷裂、錯位

海水受到衝擊，瘋狂地向前推移，形成高達數十米的海浪。

可怕的海嘯

海嘯的「奔跑」速度極快，每小時可達 700 公里，與一般噴射機的時速差不多。

我來啦！

破壞力非常大

　　海嘯形成的數十米「水牆」兇猛地沖向岸邊，岸邊的田地、村落一瞬間便被它淹沒。

　　海嘯釋放的能量比炸藥爆炸時釋放的能量還大，大海嘯的破壞力甚至不會比一顆原子彈爆炸時產生的破壞力遜色。

2004 年印度洋海嘯　　　1960 年智利大地震引發的海嘯　　　1755 年葡萄牙里斯本大地震引發的海嘯

非一般的海嘯事件

我們已經知道海嘯大多由海底地震引發，但也有一些海嘯是由其他原因引發的。

山泥傾瀉和火山爆發也有可能引發海嘯。

海嘯經常侵襲的地帶

海嘯經常侵襲板塊交界、地質活動頻繁的海岸地帶。

小知識

日本和智利都是海嘯經常發生的國家。日本位於歐亞板塊與太平洋板塊的交界處，智利位於南極洲板塊與南美洲板塊的交界處，這都是地殼運動活躍的地帶。

山泥傾瀉引發的海嘯

1958 年利圖亞灣大海嘯

1958 年 7 月，一場 8.3 級的地震引發山泥傾瀉，大量的冰塊和岩石掉入利圖亞灣，激起了 500 多米高的海浪，引發了大海嘯。

火山爆發引發的海嘯

1883 年喀拉喀托火山爆發引發的海嘯

1883 年，喀拉喀托火山爆發引發的海嘯造成 3 萬多人死亡，還摧毀了數百個城鎮和村莊。

海嘯先兆

① 淺海區的船隻突然劇烈地上下顛簸。

② 海水異常消退或暴漲。

③ 海上傳出異常聲響。

④ 大批魚、蝦等海洋生物在淺灘擱淺。

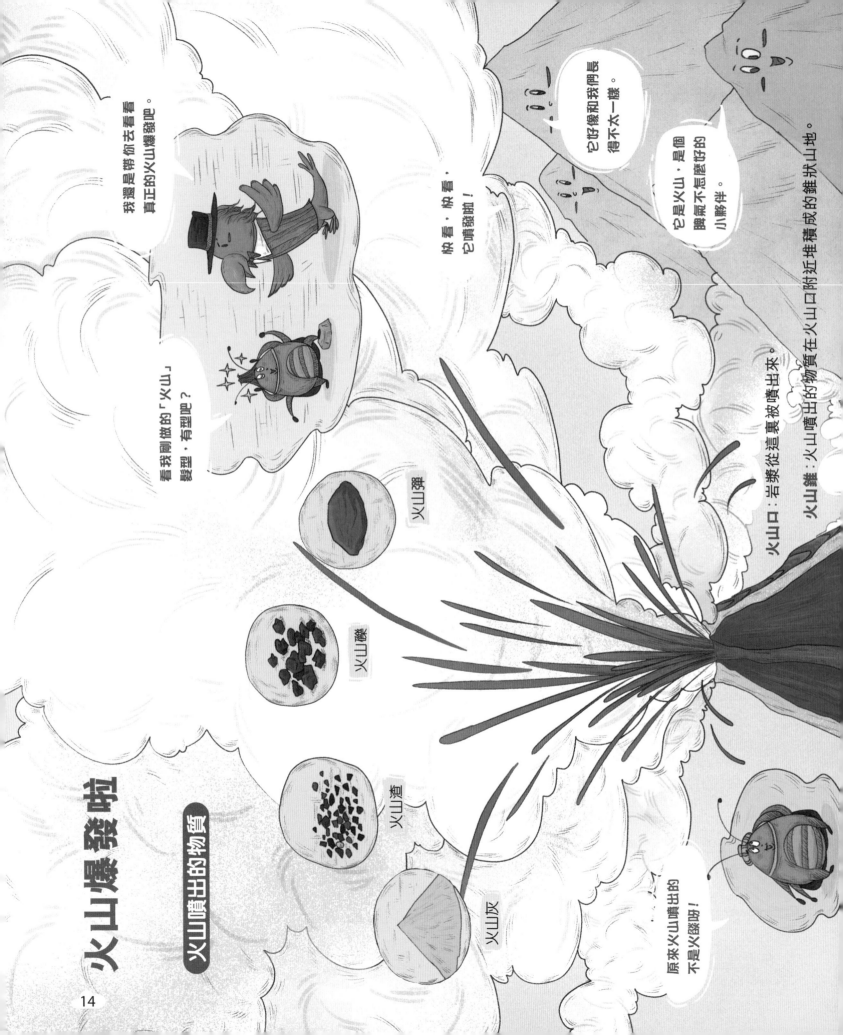

火山爆發啦

火山噴出的物質

火山彈

火山礫

火山渣

火山灰

原來火山噴出的不是火燄啊!

我還是帶你去看看真正的火山爆發吧。

看看我剛做的「火山」髮型,有型吧?

快看、快看,它噴發啦!

它好像和我們長得不太一樣。

它是火山,是個脾氣不怎麼好的小夥伴。

火山口:岩漿從這裏被噴出來。

火山錐:火山噴出的物質在火山口附近堆積成的錐狀山地。

14

地球內部發生了甚麼事？

地球的內部溫度非常高，很多岩石都被熔化成岩漿。岩漿受到下方的壓力推動不斷上湧，最後噴出至地表，這個過程就是火山爆發。

火山帶

世界上大部份的火山都分佈在板塊交界處，形成了火山帶。

啊！

帕卡亞火山

富士山

長白山

火山的類型

火山根據其活動情況被分為活火山、死火山和睡火山。活火山是指正在爆發的或人類歷史上經常週期性爆發的火山。

我經常爆發，而你為何一直沒動靜？

睡火山

休眠火山是指雖然長期無爆發活動、但還會再爆發的年輕而完好的火山。中國的長白山就是一座睡火山，它已經休眠了 300 多年，長期不爆發的火山口現在形成了一個巨大的天池。

在人類有記載的歷史中沒有爆發過的火山，被稱作「死火山」。

非一般的火山

像個火圈

火山有個怪習慣，它們喜歡「群居」。在太平洋沿岸集中了數百座火山，形成了長約 4 萬公里的火山帶，人們稱之為「太平洋火山帶」。

火山爆發是好還是壞？

火山噴出的岩漿會沖毀道路，淹沒土地，造成人命傷亡及財產損失。

火山噴出的大量火山灰和氣體會對氣候產生影響。

小知識

1815 年，印度尼西亞的坦博拉火山爆發，噴出的氣體和火山灰在很長一段時間內擋住了太陽的光照，致使 1816 年成了「沒有夏天的年份」。

大洋中的火山口

在大洋中，很多島嶼都是由海底火山爆發、堆積形成的，夏威夷群島就是其中一個典型的例子。夏威夷茂宜島的莫洛基尼火山口就像新月一樣「鑲嵌」在太平洋中，它曾是一個圓圓的火山口。

火山也在冰天雪地中？!

在冰天雪地的南極洲也有火山的身影，埃里伯斯火山就是位於南極洲羅斯島的一座活火山，在 1900 年和 1902 年都曾有爆發活動。

火山噴出的火山灰含豐富養份，可以使土地變得肥沃；火山可以帶來很多地熱資源，人們利用這些地熱資源可以建地熱發電站。

旋轉風暴——颱風、颶風

我要像風一樣自由！

風，就是空氣在運動

我們周圍的空氣在不斷地運動，熱的空氣會上升，冷的空氣會下降，冷、熱空氣交替位置，便形成了風。

我吹一口氣也會產生風。

海洋上的風——熱帶氣旋

風有大有小，有舒適的微風，也有破壞力很大的風暴。

說到風暴，不得不提「熱帶氣旋」。熱帶氣旋是一種破壞力非常大的氣象系統。

在熱帶地區，海水受熱蒸發成水蒸氣，水蒸氣隨熱空氣迅速抬升，水蒸氣抬升後留下來的空間被四面八方湧來的空氣佔領。由於地球的自轉，這些氣流最終會旋轉起來，形成一個漏斗形的熱帶氣旋。

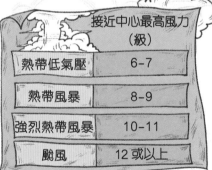

	接近中心最高風力（級）
熱帶低氣壓	6-7
熱帶風暴	8-9
強烈熱帶風暴	10-11
颱風	12 或以上

熱帶氣旋的中心區域氣流平穩，跟周圍的驚濤駭浪完全不同，站在這裏一眼就能望見藍天。

我想到熱帶氣旋的中心看看。

颱風、颶風

颱風：主要在太平洋西部海洋和南海海上形成的熱帶氣旋。

颶風：主要在大西洋西部形成的熱帶氣旋。

因為我們出現在不同海域，所以叫法不一樣。

旋轉的姿態

無論是颱風還是颶風，都是快速旋轉的空氣旋渦，像這樣——

這樣看很像蚊香啊。

逆時針　　順時針

旋轉氣流在北半球呈逆時針方向旋轉，在南半球呈順時針方向旋轉。

旋轉，旋轉，急速旋轉

為甚麼會有旋轉的狂風？

因為地球圍繞自轉軸不停地旋轉，所以地球上流動的強氣流也會跟著轉，最後就會像陀螺那樣旋轉起來。

旋轉的災難

颱風、颶風常伴有狂風和暴雨，波及範圍大，持續時間長，海岸地區還可能會出現風暴潮，因此造成的災害極大。

停下來的可能

熱帶氣旋於熱帶海洋上形成，然後向其他地區前進，逐漸形成颱風或颶風。只有登上陸地或者遇到冷空氣時，它們才會逐漸消停下來。

冷卻的空氣下降

上升的氣流

補充的氣流

20

聽說你是從海上來的？

姓名：龍捲風
形成地域：陸地、水面
殺傷力：★★★★★
所到之處大樹被連根拔起，建築物瞬間被毀。
特點：持續時間數分鐘至數小時不等，移動速度可達每小時數十公里。

姓名：颱風
形成地域：熱帶海洋
殺傷力：★★★★★
颱風會帶來狂風和暴雨天氣，狂風能損壞甚至摧毀陸地上的建築、橋樑等，暴雨則會引發城市水浸等次生災害。
特點：持續時間多超過兩週，移動速度一般為每小時約10-20公里。

龍捲風也是旋轉的風，它是在極不穩定的天氣狀況下（主要是雷暴天氣），由空氣強烈對流形成的小範圍的空氣漩渦。

乾燥的冷空氣和潮濕的熱空氣在雷暴天氣相遇，冷空氣下降，熱空氣上升，形成強大的漏斗形漩渦，這就是龍捲風。

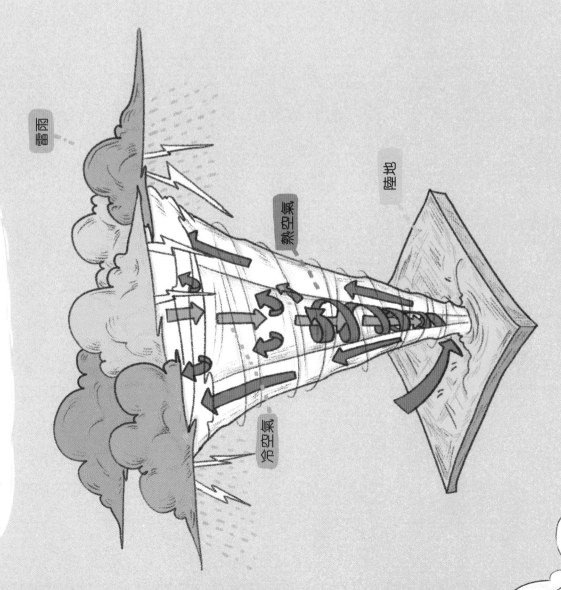

雷雨

熱空氣

陸地

冷空氣

21

飛沙走石的天氣——沙塵暴

　　風中帶有大量沙塵、乾土而使空氣混濁、天色昏黃的天氣現象，就是沙塵暴。

沙塵家族部份成員

浮塵：大量微小塵埃和沙粒均勻地飄浮在空中，能見度小於 10 公里。

揚沙：風將地面沙塵吹起，空氣變得混濁，能見度在 1 公里至 10 公里之間。

沙塵暴：大風將地面大量的沙塵吹起，空氣混濁，能見度小於 1 公里。

強沙塵暴：大風將地面沙塵吹起，使空氣變得非常混濁，能見度小於 500 米。

天啊，黑風暴！

　　有一種沙塵暴非常可怕，它來臨時強風捲起的沙粒能形成一堵沙牆。沙牆所到之處就像黑夜一般，能見度幾乎為零，這種強沙塵暴俗稱「黑風暴」。

震驚世界的「黑風暴事件」

　　1934 年 5 月，美國發生了一場嚴重的沙塵暴。這場沙塵暴持續了三天，風暴所到之處水井、溪流乾涸，牛、羊大量死亡，無數人因此立即撤離。這就是震驚世界的「黑風暴事件」。

沙塵暴的元兇

沙塵暴的形成需要具備三個重要條件：

不穩定的沙塵

沙塵暴形成的物質基礎。

沙塵暴來臨的時候，我們都會這麼打扮。

大風

沙塵暴的「交通動力」保障。

大風就是我們的「動力火車」。

不穩定的熱力條件

沙塵暴的熱力條件。

火堆旁邊的灰塵容易飛起，就是因為有熱力。

大風

不穩定的沙塵

不穩定的熱力條件

火星上也有沙塵暴

　　火星遠遠望去就像一個橘紅色的大圓球，它的表面遍佈沙塵。由於火星的引力很小，這些沙石很容易被風吹起，形成火星上的沙塵暴。

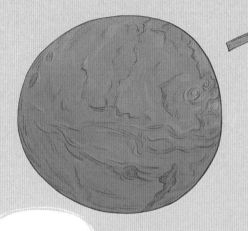

　　火星上經常出現大型沙塵暴，持續數月並且籠罩整個火星。火星探測器曾捕捉到沙塵暴旋風的畫面，旋風的高度達 20 公里，地球上的龍捲風一般都達不到這個高度。

20 公里

火星讓我想到了橙。

火星上的沙塵暴會不會吹到我？

你又沒住在火星上！

　　沙塵暴形成的直接原因就是土地荒漠化。

土地鹽化　流水侵蝕　過度放牧
破壞植被　濫伐樹木

　　這些都加快了土地荒漠化的程度，它們也都是引起沙塵暴的「元兇」。

　　沙塵暴來臨時，我們外出一定要做好防護，要佩戴口罩、眼鏡、紗巾等，以免沙塵對眼睛和呼吸道造成傷害。

呼——幫我拍拍身上的沙塵。

大水作亂——洪水

大禹治水

很久很久之前，中國經常洪水氾濫，大水淹沒了很多地方，為人們帶來了巨大的災難。這時一個叫禹的人擔負起治水的任務，經過十多年的努力，終於讓猛獸般的洪水消退了。

洪水是甚麼？

洪水是河流因大雨或融雪引起的暴漲，超出常規的水流。

簡單來說，就是河流短時間內水量急增，水位迅速上漲，河水溢出河道，因此形成了洪水。

一直「搬家」的水

地球上水的形態是千變萬化的，它們有時候是液體，如雨水、海水；有時候是氣體，如水蒸氣；有時候又變成了固體，如冰、雪。

冰川　蒸發

海洋

都是它們惹的禍

連續暴雨或者冰雪大面積融化，都會引發洪水。

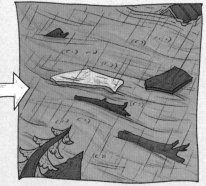

海洋向陸地輸送水汽

降雨

蒸騰

水在形態變化的過程中，位置也發生了相應的變化。它們不斷地從這個地方「搬」到另一個地方，這樣便形成了地球水循環。

河流

下滲

地下徑流

除此之外，還有：

冰塊「攔路」：大量的冰塊會擋住正常流動的河水，引發河水氾濫。

風暴潮：由海上風暴引起海面異常強烈的波動，是沿海地區一種特殊的洪水類型。

彎曲的河道：河道彎曲使泥沙淤積，導致水流不暢順而引發洪水。

較常出現洪水的國家

孟加拉

河流眾多，地勢凹陷，再加上夏季多雨的氣候特點，使它成為洪水頻發的國家之一。

中國

降雨集中且多暴雨，致使短時間大量「來水」，地勢低平流速緩慢，無法及時「去水」等，都是造成中國洪水頻發的原因。

美國

河流眾多，排水不暢，降雨多且集中。

 小知識

1998 年中國特大洪水

1998 年，中國暴雨成災，引發洪水，導致近 2 億人口受災，直接經濟損失約 2,500 億元。

洪水引發的災害

洪水還會引發其他災害，比如泥石流、山泥傾瀉等。

怎樣預知洪水的到來呢？

（1）利用水尺可以直接監測水位。

（2）很多橋樑上都裝有預警系統，當到達警戒水位時，預警系統就會發出警報。

（3）雷達可以顯示雨量和追踪風暴的方向。

（4）電腦可以根據天氣情況預測洪水到達的時間。

氣象預測

擋住洪水

為了阻擋洪水，從古至今人們想了很多辦法。在古代，人們用泥土在河岸築起土堤抵禦洪水；在現代，人們則依靠修建水庫來抵禦洪水。

水庫能幫助人們控制河流的水位高度，一旦超出警戒水位，就需要開閘洩洪。

可怕的滑行者——山泥傾瀉、泥石流

多處發生大面積山泥傾瀉……

無知真可怕！

山泥傾瀉？感覺很像溜滑梯呀，我也想溜滑梯！

山泥傾瀉

　　岩石和泥土雖然能穩定地待在山坡上，實際卻承受到向下的重力，但因為有摩擦力的存在，它們不會滑向山下。

這就好像一張貼在牆上的照片，因為有膠紙的黏性，所以它不會掉下來一樣。

　　一旦摩擦力不足時，比如雨、雪天氣會讓山體濕滑，山坡上那些岩石、泥土便會在重力的作用下，整體向下滑。

這就好像黏照片的膠紙黏性不夠了，照片會掉下來一樣。

　　這時，山泥傾瀉就發生了。

除了天氣因素外，地震也會引發山泥傾瀉。

小知識

　2008 年，汶川大地震引發附近的山體發生大面積山泥傾瀉，造成人命傷亡。

　2020 年 9 月 28 日，印度尼西亞北加里曼丹省多處發生由暴雨引發的山泥傾瀉，造成十幾人遇難，多人受傷，多座房屋被摧毀。

　人類活動也是引發山泥傾瀉的重要因素，例如礦山開採不當、濫伐樹木等，都會引起坡地或者山體的不穩定。

泥石流

暴雨、洪水發生的時候，山區或谷地很容易形成泥石流。
在大雨或者洪水的強力沖刷下，水與泥沙、石塊聚成一體，
沿陡峭山坡滾流而下，形成嚴重的災害。

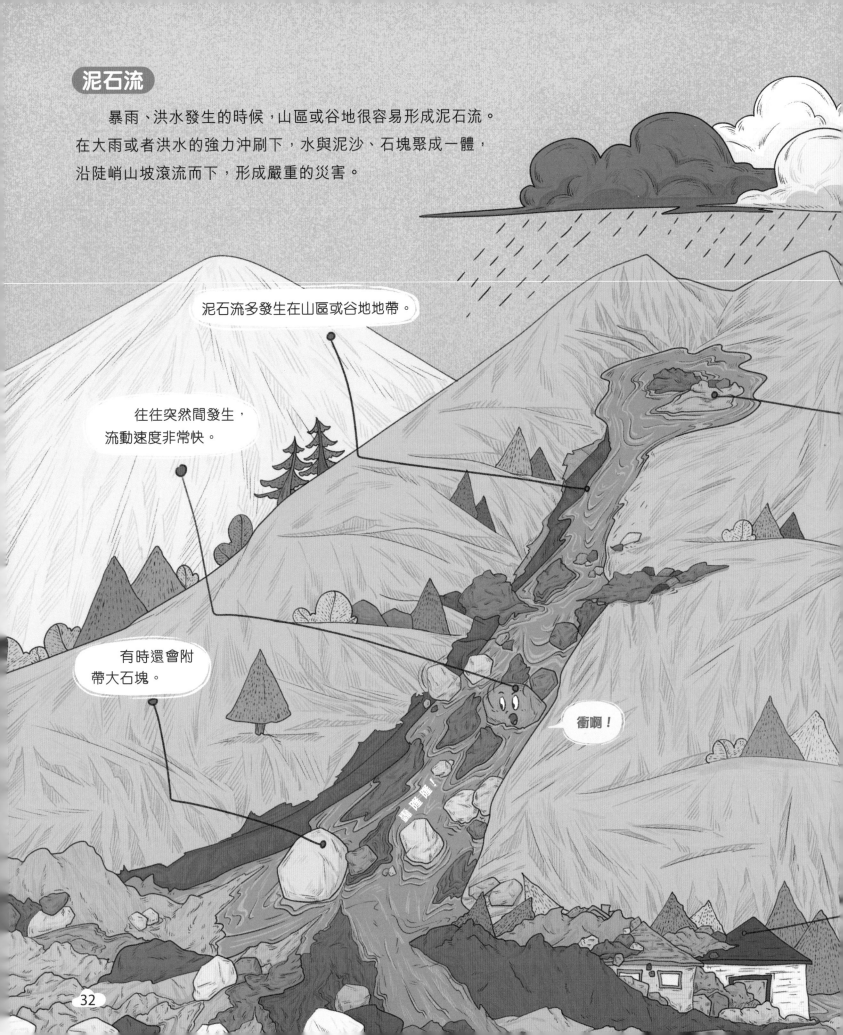

泥石流多發生在山區或谷地地帶。

往往突然間發生，
流動速度非常快。

有時還會附
帶大石塊。

轟隆隆！

衝啊！

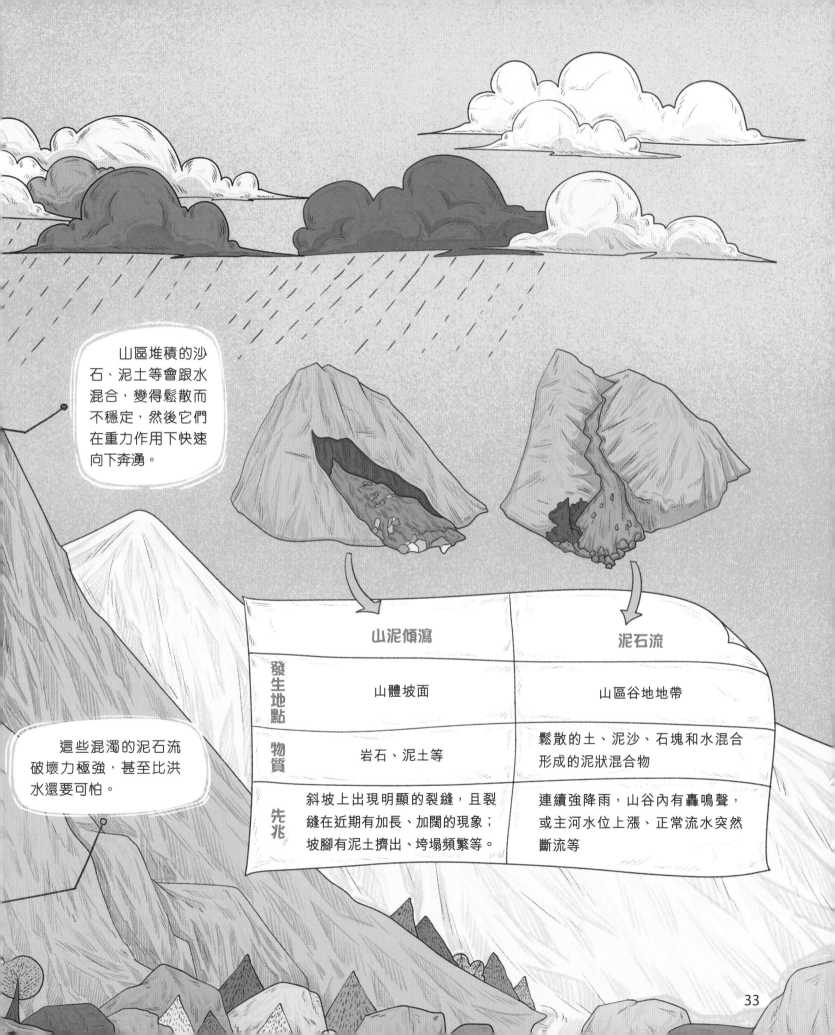

山區堆積的沙石、泥土等會跟水混合，變得鬆散而不穩定，然後它們在重力作用下快速向下奔湧。

這些混濁的泥石流破壞力極強，甚至比洪水還要可怕。

	山泥傾瀉	泥石流
發生地點	山體坡面	山區谷地地帶
物質	岩石、泥土等	鬆散的土、泥沙、石塊和水混合形成的泥狀混合物
先兆	斜坡上出現明顯的裂縫，且裂縫在近期有加長、加闊的現象；坡腳有泥土擠出、垮塌頻繁等。	連續強降雨，山谷內有轟鳴聲，或主河水位上漲、正常流水突然斷流等

極度缺水危機——旱災

地球上的水是不斷循環的，降雨是水循環過程中的重要一環。某個地區如果長期不降雨或降雨量異常減少就會出現乾旱，嚴重時甚至會發生旱災。

> 如果一直不下雨，就可能會出現旱災。

> 下雨了，不能出去玩，如果永遠不下雨就好了。

缺水引發的災難

常見的旱災地區往往長期降雨量少，而且降雨的分佈也不均勻。

饑荒：旱災發生時，土壤中的水份嚴重流失，糧食作物大幅減產，人們會因為沒有糧食而引發饑荒。

蝗災：蝗蟲喜歡乾旱的環境，所以旱災往往伴隨着蝗災。蝗蟲的災難性侵擾會導致農田失收。

遷徙：嚴重的旱災會引發饑荒。飢餓困苦的人們不得不走上遷徙之路，流落他鄉，有時甚至會引發暴亂，造成嚴重的社會動盪。

崇禎大旱

明朝崇禎年間，發生了持續近十年的大旱災。旱災令大量田地荒蕪，許多人餓死。這次嚴重旱災間接地加速了明朝的滅亡。

常見的旱災地區

· 降雨量極少的非洲大陸、中東地區和中亞地區。

· 河流少、植物稀疏的沙漠邊緣地區。

小知識

20 世紀 70 至 90 年代，非洲薩赫勒地區發生了大旱災，其間地下水枯竭、河流斷流、土地龜裂，農田失收，幾十萬人因此死去。

好可怕的災難。

全球水資源危機

不要浪費水，世界上很多地方都缺水！

對不起，我忘記關水龍頭。

嘩嘩——

2019 年，世界資源研究所評估 189 個國家和地區的水資源情況，發現其中 17 個國家和地區處於「極度缺水」狀態。

目前，世界上有超過 10 億人生活在缺水地區，全球約 25% 的人口面臨水資源短缺的問題。

面臨水資源短缺問題的人口

全球人口

189

17
0

極度缺水

缺水危機

在一些國家，缺水危機時有發生，很多人需要從商販花高價買水。即使這樣，那些買來的水的質量仍得不到保證。

應對水資源危機

　　排在全球極度缺水名單第 16 位的阿曼 100% 處理了收集的廢水，並再利用了其中的 78%；

　　排名第 8 位的沙特阿拉伯鼓勵節約用水，並制訂了未來 10 年內減少 43% 用水量的節水目標；

　　納米比亞是世界上最乾旱的國家之一，在過去的 50 年裏，一直嘗試通過技術將污水變為飲用水。

　　中國通過興建蓄水工程和跨流域調水工程、加強污水處理和改善淨化能力等措施，以應對水資源危機。

> 很多國家都是通過科技來應對危機的。

> 啊，好厲害。

愛護樹木

　　在一些地區，很多植物被砍伐，植被覆蓋率愈來愈低，令土壤的存水能力變差，這也是導致缺水的因素。所以，我們要愛護樹木，多參與植樹造林活動。

節約用水

　　地球上的淡水資源是有限的，很多人每天都面臨缺水的困境。所以，我們要節約用水，珍惜得來不易的每一滴水。

暴雪危機——雪災

因長時間大量降雪而造成的大範圍積雪會引發災害，這種災害稱為「雪災」。

雪災也叫「白災」，是一種嚴重的自然災害，風吹雪災害、雪崩、牧區雪災等都屬於雪災。

大雪甚麼時候才能停啊？

為甚麼會發生雪災呢？

大氣環流異常

大氣是不斷運動的，全球有規律的大氣運動，我們稱為「大氣環流」。

大氣環流會使高低緯度之間、海陸之間的熱量和水汽得以交換，產生天氣變化。

所以，我們看到的雨、雪等天氣現象，甚至包括四季變化，都跟大氣環流有直接或間接的關係。

可是我在這裏很開心呀！

走了，走了。

一般情況下，當大氣環流保持着正常狀態，天氣的變化也會相對正常。然而，一旦大氣環流異常，就可能會引發極端天氣，例如暴雪。

當過多的冷空氣被大氣環流輸送到一個地方時，冷空氣抵達後會與當地的暖空氣相遇，暖空氣裏豐富的水汽就會凝華成冰晶，然後這個地方就會開始下雪。由於冷、暖空氣在這一地區長時間交匯，就會形成長時間的降雪，嚴重時甚至會出現大暴雪。

雪災的影響

雪災多發生在雪山區或牧區，尤其是在牧區，嚴重的積雪會使牛、羊因採食困難而餓死。除此之外，雪災還會影響交通、通訊信號，遇上雪災的地方有時甚至沒辦法與外界取得任何聯絡。

拉尼娜現象

拉尼娜現象是指赤道太平洋東部和中部海域水溫異常下降的現象，也被稱為「冷事件」。

海水好涼啊！

小知識

2008 年，中國南方地區出現寒冷而漫長的冬天，就是拉尼娜現象導致的。在拉尼娜現象的影響下，冷氣團與暖濕氣團在中國南方地區上空相遇，形成了強降雪。

拉尼娜現象

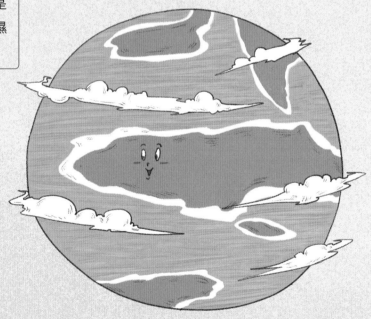

厄爾尼諾現象

厄爾尼諾現象是和拉尼娜現象完全相反的現象。可以這樣理解：拉尼娜現象是「寒流」，厄爾尼諾現象是「暖流」。

雪崩,好可怕!

2012 年,巴基斯坦錫亞琴冰川地區雪崩,導致近 140 人被埋在厚厚的雪塊下。

2014 年,珠穆朗瑪峰南坡雪崩,造成十餘人死亡。

2019 年,喜馬拉雅山雪崩致使一支 8 人的登山隊 7 人死亡,1 人失蹤。

冬天的阿爾卑斯山,是比意大利軍隊更危險的敵人!

雪崩是怎樣發生的?

雪崩是很難預測的,它受到許多因素影響,包括溫度、風力、震動等。當厚重的雪塊因為不堪重負,無法繼續保持靜止的狀態時,便會滑落、崩塌,形成雪崩。

轟隆,轟隆!

第一次世界大戰的時候,意大利的軍隊和奧地利的軍隊在阿爾卑斯山附近交戰。交戰期間,雙方經常有意製造人造雪崩來殺傷敵人,雙方死於雪崩的人數不少於 4 萬。

雪崩遇難者大部份是因窒息而死,或被雪塊壓死。有經驗的登山嚮導建議:當雪崩迎面而來時,可以保持游泳姿勢用向上游動的方式來防止被雪掩埋;當被雪掩埋時,可以嘗試伸出一隻手,這樣既可以讓搜救人員找到你,也可以讓空氣盡量保持流通,避免窒息。

地球「發燒」了——全球暖化

正在變熱的地球

我們感冒發燒的時候，體溫會比平時高，而地球的「體溫」也在逐漸升高。目前，地球的「體溫」比 100 年前高出了 1℃ 左右，看來地球的「身體」也出現了問題。

咳咳，哎呀！

地球怎麼了？

變熱的危險

地球溫度的升高不僅會造成兩極冰川融化、海平面升高、極端天氣增多和自然災害頻繁發生等現象，還會令很多生物瀕臨滅絕！

海平面升高

氣溫過高會導致冰山崩塌，海冰和極地冰蓋不斷融化，導致海洋裏的水量增加，造成海平面升高。

海水淹沒了我們的家園。

自然災害頻發

氣溫升高，大氣環流異常，極端天氣增多，自然災害頻發。

氣溫升高增加了風暴產生的機會率。在過去短短的 30 年裏，颱風的發生頻率幾乎增加了一倍。

以前這裏是塊好田地呀。

氣候暖化，動物的生存受到威脅

愈來愈熱，真是難受。

嗚嗚，這些水太熱了！

現在的夏天怎麼比以前熱這麼多。

全球暖化是甚麼？

　　全球暖化是指全球平均氣溫升高的現象。

　　地球溫度之所以會升高，主要是因為地球大氣層中的溫室氣體（比如二氧化碳）增多了。這些氣體就像保溫毯一樣包裹着地球，因此儲存了大量的熱量，導致地球的氣溫不斷升高。

正常的地球

溫室效應下的地球

走向消亡的冰川

　　現在許多雪山積雪已經開始融化，南極和北極的冰川同樣正在融化。北極暖化的速度是全球暖化平均速度的 2 倍以上，古老的北極冰川正以前所未有的速度消融。

以前的北極

現在的北極

冰塊加速融化、植被覆蓋面積增加、海洋溫度升高等都給本就十分脆弱的北極生態系統帶來了極大的破壞，而最先受到傷害的就是在這裏生活的動物，比如海象、北極熊等。

活動範圍愈來愈小了。

北冰洋可能會在 2065 年首次出現無冰狀態。

也就是說，北極熊等生物可能在那之後會滅絕。

科學家

這都是全球暖化帶來的影響。

這些動物好可憐。

在北極斯瓦爾巴群島，由於海冰減少，一隻北極熊準備帶兩隻 6 個月大的幼熊跨越近 100 公里的距離，游回海岸。

拯救我們的地球

地球誕生於 46 億年前，儘管這個數字跟人的年齡比起來有點兒「老」得嚇人，但是現在的地球其實還很年輕。

46 億年前，還是我爺爺的爺爺的爺爺⋯⋯

那個時候地球上還沒有生物！

我們把地球迄今 46 億年的時間換算成一天 24 小時，如果地球誕生是在 0 點，那麼人類在 23 點 59 分剛剛登場。

人類的一些行為，令地球開始生病

濫伐樹木，破壞生態環境。

過度開墾草原，使土地荒漠化程度愈來愈嚴重。

工程建設中的不當行為會引發地質災害。

工廠、發電廠燃燒化石燃料，排放有害氣體。

無節約用水。

汽車廢氣排放大量二氧化碳。

人口數量急增，產生大量垃圾。

地球環境日益惡化，地球上的生物種類正在快速減少，人類有可能正在經歷第六次物種大滅絕！

瀕危動物

蘇門答臘犀牛：野生的蘇門答臘犀牛全球現存數量估計不足 100 頭，屬於極度瀕危動物。

金絲猴：又叫「仰鼻猴」，因為人類的獵殺和棲息地的減少而瀕臨滅絕。

華南虎：因為只生活在中國所以也叫「中國虎」，是國家一級保護動物，因為人類的獵殺而成為極危動物。

雪豹：因有很高的經濟價值所以一直是人類狩獵和捕殺的對象，雪豹數量急劇減少。

美洲豹：花紋像豹子，體形卻像老虎。因為人類的獵殺和棲息地的減少而數量驟減，被列為近危動物。

除此之外，近危至極危動物還有紅狼、山地大猩猩、鴨嘴獸、樹熊、非洲象、熊猴、中華穿山甲⋯⋯

我們一起保護地球吧

保護地球，對每個人都很重要。面對地球的現狀，為了我們共同生活的家園，必須從自己做起，保護環境、愛惜家園。

小知識

每年的 4 月 22 日是世界地球日——一個專為保護環境而設立的紀念日。設立世界地球日是為了提高人們對環境問題的重視程度，號召大家透過實踐綠色低碳生活來改善地球的整體環境。

4月22日
· 節約用水
· 節約能源
· 少用即棄用品
· 多植樹
· 垃圾分類
· 實踐綠色旅遊

書　　　名 小學生趣味大科學：憤怒的地球——自然災害

編　　者 恐龍小Q

責任編輯 蔡枳音

美術編輯 蔡學彰

出　　版 小天地出版社（天地圖書附屬公司）

香港黃竹坑道46號新興工業大廈11樓（總寫字樓）

電話：2528 3671　傳真：2865 2609

香港灣仔莊士敦道30號地庫（門市部）

電話：2865 0708　傳真：2861 1541

印　　刷 亨泰印刷有限公司

柴灣利眾街27號德景工業大廈10字樓

電話：2896 3687　傳真：2558 1902

發　　行 聯合新零售（香港）有限公司

香港新界荃灣德士古道220-248號荃灣工業中心16樓

電話：2150 2100　傳真：2407 3062

出版日期 2024年1月 / 初版・香港

（版權所有・翻印必究）

© LITTLE COSMOS CO. 2024

ISBN ： 978-988-70019-5-9

本書經四川文智立心傳媒有限公司代理，由北京大唐盛世文化發展有限公司正式授權，同意經由天地圖書有限公司在香港及澳門地區出版發行中文繁體字版本。非經書同意，不得以任何形式任意重製、轉載。

編者簡介

恐龍小 Q 是大唐文化旗下一個由中國內地多位資深童書編輯、插畫家組成的原創童書研發平台，平台的兒童心理顧問和創作團隊，與多家內地少兒圖書出版社建立長期合作關係，製作優秀的原創童書。